不 可 能 へ の 挑 戦

Challenge of the Impossible

角 の 三 等 分

中 島 良

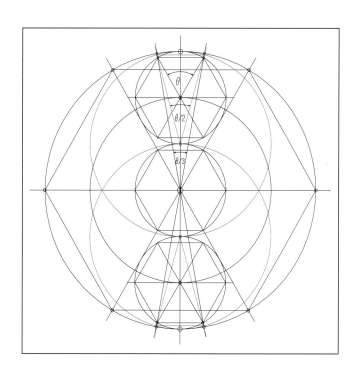

文芸社

ま　え　が　き

　　ギリシャの三大難問の一つと言われている「任意に与えられた角の三等分」について興味をもつことになったのは、子供が小学生のころ、算数の宿題で図形の問題を考えているのを見ていたとき、数学の幾何の授業で「角の三等分は不可能である」と教えられたのを思い出したのがきっかけである。

　　どうして不可能なのかと考えるようになり、「角の三等分屋」になって、いつの間にか10年近い年月が経っていた。

　　当時、勤務先で近辺の同業者の協会があり、協会との窓口業務を担当していたため、協会の親睦会のゴルフのコンペに参加する機会があった。そのおりに、ホールインワンをしてしまったのである。このホールインワンは自分にとっては２度目の経験であった。

　　会社の代表として参加していたので、翌日社長に報告にいくとホールインワンを３度も経験済みの社長は、まだもう１度はあるよと笑っていた。

　　ホールインワンは狙ってもできるとは限らない、きわめてトリッキーなできごとである。半ばあきらめかけていたことであったが、この２度目のホールインワンに後押しされて、３度目のホールインワンは自分の力で成し遂げようと挑戦したのが「角の三等分」である。

目　次

第Ⅰ部　角のＮ等分

序　　文

　世の中に理論的に不可能と断定されたことがらは、数えきれないほどある。

　ここに発表する理論は、それがなぜ不可能なのか、それを可能にする方法はないのかと考え続けたことの結論である。

　この問題に取り組むことになったのは、数学の幾何の授業で、ギリシャの三大難問の一つに、角の三等分の作図は不可能であるという問題があることを教えられたのが、どういうわけか記憶に残っており、30年も後になって突然思い出し、どうしてできないのかと疑問をもったことがきっかけである。

　疑問を感じた当初は興味本位のところがあったが、あることを機に真剣に取り組むこととなった。それは円の半径と角のあいだに、1：3の角のリンケージがあることに気がついたことである。

　その後、180年も以前に、定規とコンパスによる角の三等分は不可能であることが証明されていることを知ることとなったが、そのことは承知のうえで三等分の可能性を求め続けたのは、1：3の角のリンケージが存在する限り、どこかに3：1のリンケージがあるはずだという、確信めいたものが拭いきれなかったせいでもある。

　いくら考えても進展のないことに挫折をくりかえし、やめようと思ったことはいく度かあった。しかし30年余りにおよぶ思考の結果、3：1の角のリンケージは存在し、定規とコンパスがあれば、その作図が可能であることがわかったのである。

　これはまさに不可能への挑戦であった。いまは、継続は力なりという言葉を身にしみて感じる。

　ここに発表するのは、問題を解くのは代数上不可能と結論付けられた理論が、問題を解くための発想を変えることにより、可能になることを示したもので、学術上有効なものなのかどうかについては、専門家のかたがたの論評を待つことにしたい。

序　　論
弧のＮ等分による角のＮ等分

　　定規とコンパスによる角の三等分の作図は、代数により不可能であることがすでに証明されている。

　　ここで論ずるのは、**定規とコンパス**があれば単純な幾何学的な手法により、角の弧がＮ等分され、角のＮ等分が可能になることである。

１．円の半径と角の関係

　　仮定：１　円の中心を基点にして角 θ を求めたとき、その円の半径による角のリンケージが存在する。

　　図－１は、半径がｒの３倍の同心円に、90度の１／３の角30度を θ として円の半径による1：3の角のリンケージを表した図である。

　　角 θ を90度の１／３の角にすれば1：3、θ を1／4の角にした場合は1：4、θ を1／Ｎの角にした場合は1：Ｎの角のリンケージができる（Ｎ＝任意数。以下同じ）。

　　これとは逆にＮ：1の角のリンケージを求めることができれば、角のＮ等分は可能になる。

図-1

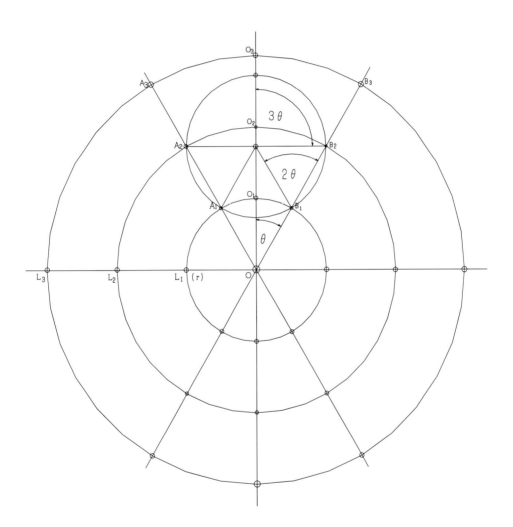

２．同心円の角と弧

仮定：２　同心円の角 θ の弧の長さは、中心円の半径の倍率に比例してひろがる。

仮定：３　中心円の半径の倍率に比例してひろがる角 θ の弧の長さは、$4\sin\theta/4$ の弧の長さに等しい。

　図 -2 は、半径 r の円 L_1 と半径が２倍の同心円 L_2 の、90度の $\angle\theta$ を四等分した図である。

　２倍の同心円 L_2 の弧 A_2-B_2 は、L_1 の弧 A_1-B_1 の２倍の長さになるため、L_2 の $\theta/2$ の弧 C_2-D_2 が L_1 の弧 A_1-B_1 とおなじ長さになる。

　L_2 の $\theta/2$ の弧 C_2-D_2 は、$4\sin\theta/4$ の弧に等しい長さである。

　これは L_1 の $\angle\theta$ の弧が、L_2 の $\theta/2$ の弧とリンクしていることを示すものである。

$$
\begin{aligned}
&L_1\text{の弧} \quad A_1-B_1 = 2\sin\theta/2 \\
&\qquad\qquad\quad C_1-D_1 = 2\sin\theta/4 \\
&L_2\text{の弧} \quad C_2-D_2 = 2\,(2\sin\theta/4) \\
&\qquad\qquad\qquad\qquad = 4\sin\theta/4 \\
&L_2\text{の弧} \quad A_2-B_2 = 2\,(4\sin\theta/4)\text{ となる。}
\end{aligned}
$$

　L_1 の $2\sin\theta/2$ の弧 A_1-B_1 と L_2 の $4\sin\theta/4$ の弧 C_2-D_2 は、弦の長さに違いはあるが弧の長さはおなじである。

　このことは同心円の弧の長さが、半径の倍率に比例して $4\sin\theta/4$ の弧の分ずつひろがることを示すもので、これが同心円の弧が N 等分できることの要因である。

　本論では、同心円の弧が N 等分され、角の N 等分の作図が可能になることを検証する。

図-2

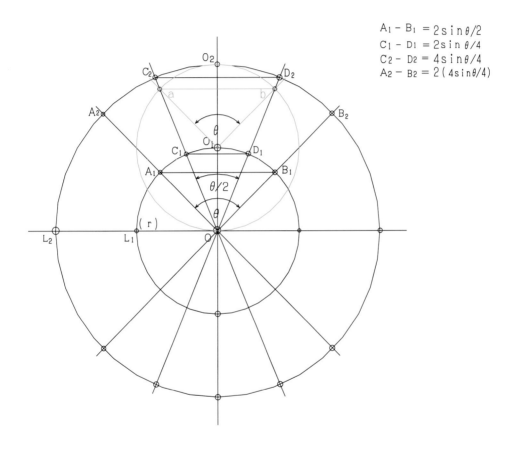

$A_1 - B_1 = 2\sin\theta/2$
$C_1 - D_1 = 2\sin\theta/4$
$C_2 - D_2 = 4\sin\theta/4$
$A_2 - B_2 = 2(4\sin\theta/4)$

第Ⅰ章　角の三等分

1．同心円の弧の等分割

　　与えられた$\angle\theta$を等分割するには、中心円の半径の倍率に比例した同心円の$\angle\theta$の弧に、中心円の$\angle\theta$の弧とおなじ長さを求めることで、同心円の弧は等分割され角も等分割される。

　　図 – 3 は、中心円の$\angle\theta\,90°$の弧の長さが、半径の倍率に比例することを表した 4 倍の同心円である。

　　同心円の$\angle\theta$の弧の長さは、中心円の半径の倍率に比例して$4\sin\theta\,/\,4$の弧の長さとおなじ分ずつひろがるため、4 倍の同心円L_4の$\angle\theta$の弧$A_4 – B_4$は、$4\sin\theta\,/\,4$の弧の 4 倍に等しい長さになる。

　　このためL_4の弧$A_4 – B_4$は、l_2の$4\sin\theta\,/\,4$の弧$p_1 – p_2$により四等分され、$\theta\,/\,4$の角を得ることができる。

　　図 – 4 （p. 17）に 4 倍の同心円の弧$A_4 – B_4$が、l_2の弧$p_1 – p_2$により四等分されるのを示す。

図-3

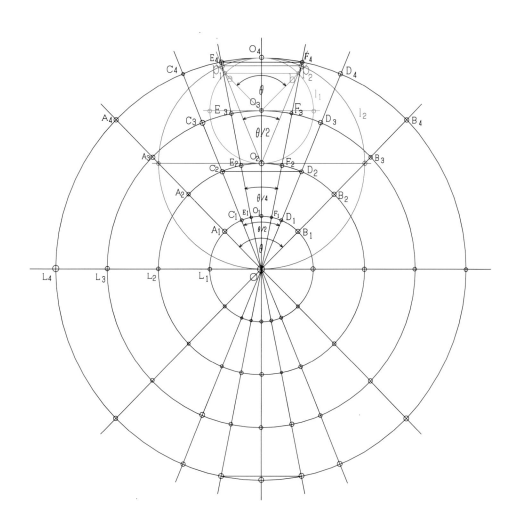

図 – 4 は、4 倍の同心円の 4（4 sin θ / 4）の弧 A_4–B_4 が、l_2 の 4 sin θ / 4 の弧 p_1–p_2 により四等分されるのを表した図である。

　L_4 の弧 A_4–B_4 は L_1 の弧 A_1–B_1 の 4 倍の長さになる。したがって L_4 の弧 A_4–B_4 は L_1 の円周の長さとおなじ長さになる。

　これは中心円 L_1 と L_4 の 1：4 の内サイクロイドの 1 回転分であり、L_4 の弧が四等分されたそれぞれの点 A_4–C_4–O_4 – D_4–B_4 は、内サイクロイドの 90°ごとの回転位置である。

　図でわかるように l_1 の 90°の弧 a–b の回転位置 O_4–D_4 は、L_2 とおなじ大きさの円 l_2 の θ / 2 の弧 p_1–p_2 により補完されて決まることがわかる。

　これは l_1 の 90°の回転位置と l_2 の 45°の回転位置がおなじ位置になることを示すものであり L_2 と L_4 の 2：4 のサイクロイドを表すものでもある。

　L_4 の∠θ の弧 A_4–B_4 は、l_2 の 4 sin θ / 4 の弧 p_1–p_2 により四等分されているのがわかる。

図-4

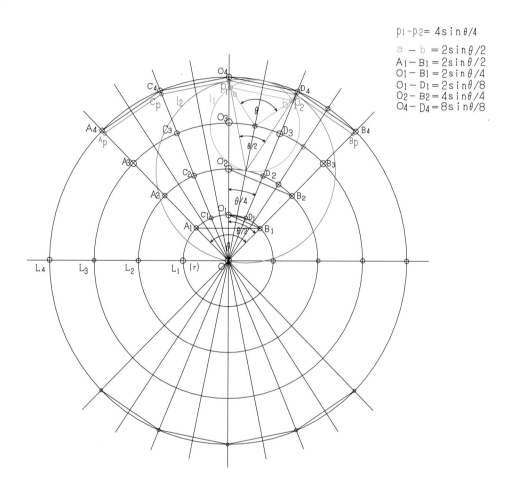

$$p_1 - p_2 = 4\sin\theta/4$$
$$a - b = 2\sin\theta/2$$
$$A_1 - B_1 = 2\sin\theta/2$$
$$O_1 - B_1 = 2\sin\theta/4$$
$$O_1 - D_1 = 2\sin\theta/8$$
$$O_2 - B_2 = 4\sin\theta/4$$
$$O_4 - D_4 = 8\sin\theta/8$$

２．角の三等分

　図 – 5 は半径が中心円の 3 倍の同心円 L_3 の∠θ の弧 A_3–B_3 の三等分による、∠θ の三等分を表した図である。図 – 5 のそれぞれの円の弧は、

l_3 の弧　　a – b = 2sin θ / 2

l_2 の弧　　p_1-p_2 = 4sin θ / 4

L_1 の弧　　A_1-B_1 = 2sin θ / 2

L_2 の弧　　C_2-D_2 = 4sin θ / 4

L_3 の弧　　E_3-F_3 = 6sin θ / 6

　　　　　　A_3-B_3 = 3（6sin θ / 6）となる。

　図 – 5 の 3 倍の同心円 L_3 の∠θ の弧 A_3–B_3 は、 4 sin θ / 4の弧の 3 倍に等しい長さになる。このため L_3 の弧 A_3–B_3 は、l_2 の 4 sin θ / 4の弧 p_1–p_2 により三等分することができる。

　三等分された L_3 の弧 E_3–F_3 は、 6 sin θ / 6の弧の長さになる。

　 2 sin θ / 2・ 4 sin θ / 4・ 6 sin θ / 6のそれぞれの弧は、弦の長さは異なるが弧の長さはおなじである。

　L_3 の弧が三等分されたことにより∠θ の三等分は可能になる。

　以上が、定規とコンパスによる角の三等分の作図が可能であることの証明である。

　図 – 6 （p. 21）に 3 倍の同心円の弧 A_3–B_3 が、l_2 の弧 p_1–p_2 により三等分されるのを示す。

図－5

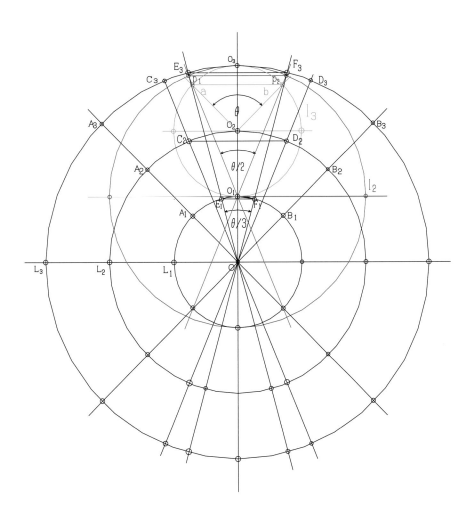

図 – 6 は、3 倍の同心円の 3(4 sin θ / 4)に等しい長さの弧 A_3 – B_3 が、l_2 の 4 sin θ / 4の弧 p_1 – p_2 により三等分されるのを表した図である。

図-6

$a-b = 2\sin\theta/2$
$p_1-p_2 = 4\sin\theta/4$
$E_1-F_1 = 2\sin\theta/6$
$E_3-F_3 = 6\sin\theta/6$

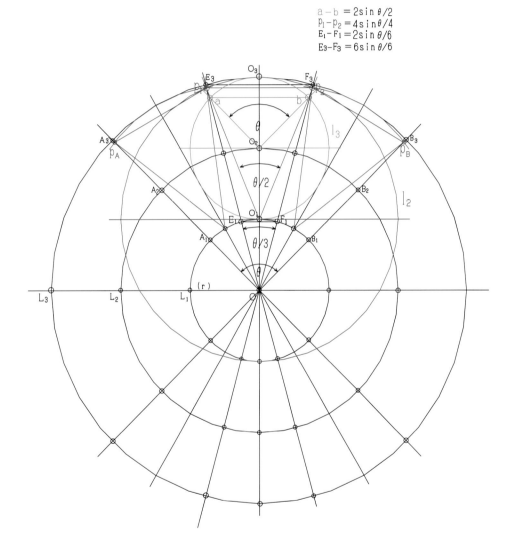

第Ⅱ章　角の N 等分と正多角形の作図

１. 角の N 等分

前項までに示した $\angle\theta$ の $4\sin\theta/4$ の弧 p_1-p_2 は、中心円の半径の

２倍の同心円の弧の 1 / 2

３倍の同心円の弧の 1 / 3

N 倍の同心円の弧の 1 / N の長さとなる。

　図 – 7 は同心円の $\angle\theta$ の弧と、 $4\sin\theta/4$ の弧 p_1-p_2 による N：1 の弧の
リンケージを表した図である。同心円 $L_2 \sim L_7$ それぞれの円の $\angle\theta$ の弧を、
$4\sin\theta/4$ の弧 p_1-p_2 により分割した弧の長さは、

$$a_2-b_2 = 4\sin\theta/4$$
$$a_3-b_3 = 6\sin\theta/6$$
$$a_4-b_4 = 8\sin\theta/8$$
$$a_5-b_5 = 10\sin\theta/10$$
$$a_7-b_7 = 14\sin\theta/14 \quad となる。$$

　分割されたそれぞれの円の弧は、弦の長さは異なるが弧の長さはおなじであり、それぞれの円の弧の 1 / N の長さになる。

　これは N 倍の同心円の $\angle\theta$ の弧と、 $4\sin\theta/4$ の弧 p_1-p_2 のあいだに、N：1 の弧のリンケージがあることを表すもので、序論で求めた N：1 の角のリンケージを示すものでもある。

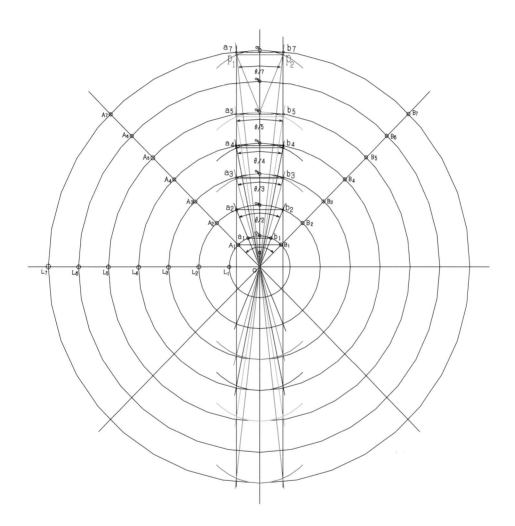

図 – 8 は、半径が 2 倍の同心円 l_2 の 4 sin θ / 4 の弧 p_1 – p_2 を基点にして、N：1 の半径と∠θ の関係を表したもので、中心円の角が半径の倍率の 1 / N の角になることがわかる。

　図の l_2 は半径が 2 倍、l_3 は 3 倍、l_4 は 4 倍、l_5 は 5 倍、l_7 は 7 倍の同心円の中心円を示す。

　4 sin θ / 4 の弧 p_1 – p_2 による∠θ の弧の N 等分の作図が可能な同心円は、4 倍の同心円を除き、半径が素数倍の同心円に限られる。

　その理由として例を挙げると、図 – 8 の 6 倍の同心円の中心円 l_6 に∠θ の 1 / 6 の角を求めるには、基点を 4 sin θ / 4 の弧 p_1 – p_2 ではなく、p_1 – p_2 とおなじ長さになる L_3 の θ / 3 の弧、 6 sin θ / 6 の弧を基点にすることが必要になるためである。素数倍でない同心円はおなじ条件になる。

図-8

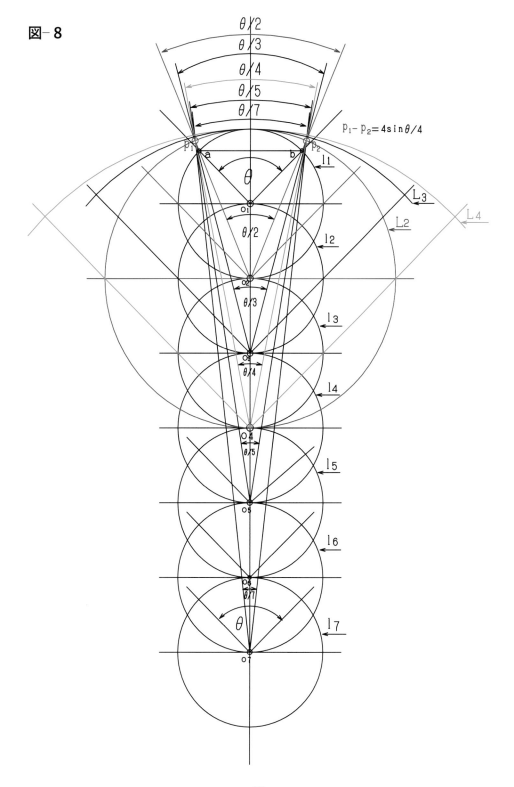

$p_1 - p_2 = 4 \sin \theta/4$

25

２．正多角形の作図

　90度の∠θのＮ等分が可能になったことで、正多角形の作図が可能である。

　正多角形は90度の角をＮ等分し、４θ／Ｎの角の弦を一辺として作図することができる。

　図−９は中心円の半径の５倍の同心円の90度の∠θを、$4\sin\theta/4$の弧 p_1-p_2 により五等分した図である。

　正５角形の作図は４θ／５の弦を一辺として作図することができる。図−10 にこれを示す。

図−９

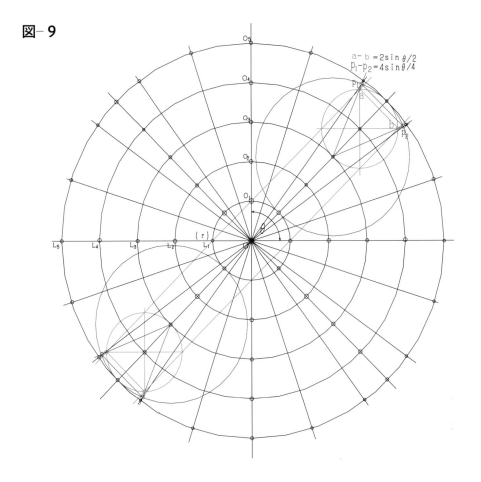

26

図-10

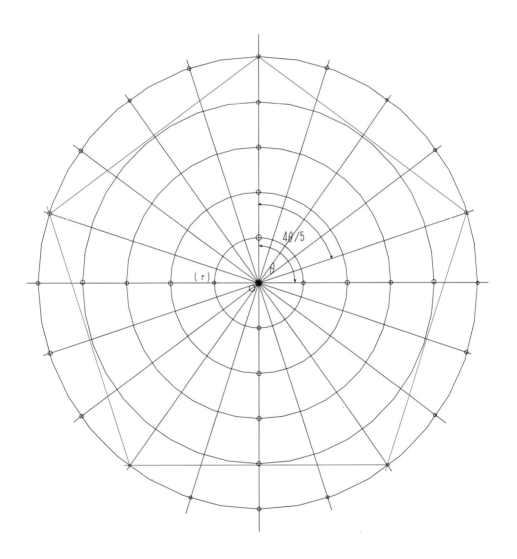

図-10は、4θ/5の弦を一辺とする正5角形である。

図–11　は、角を五等分したのとおなじ方法で90度の∠θを七等分したものである。

　中心円の半径の7倍の同心円の90度の∠θは、4 sin θ / 4の弧p_1–p_2により七等分される。

図–11

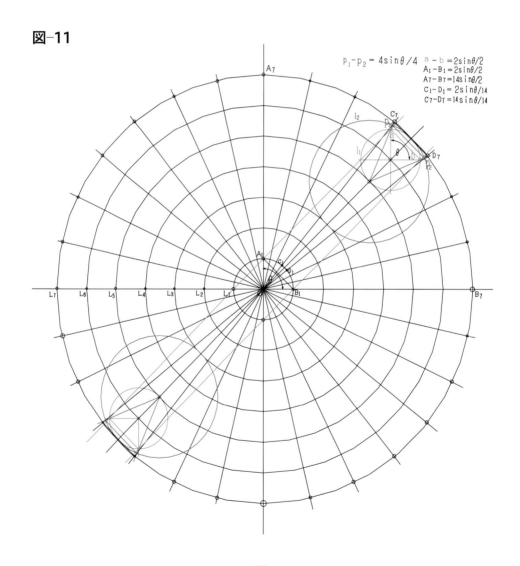

p_1–p_2 = 4sinθ/4　a – b = 2sinθ/2
A_1–B_1 = 2sinθ/2
A_7–B_7 = 14sinθ/2
C_1–D_1 = 2sinθ/14
C_7–D_7 = 14sinθ/14

図-12

図-12は4θ/7の弦を一辺とする正7角形である。

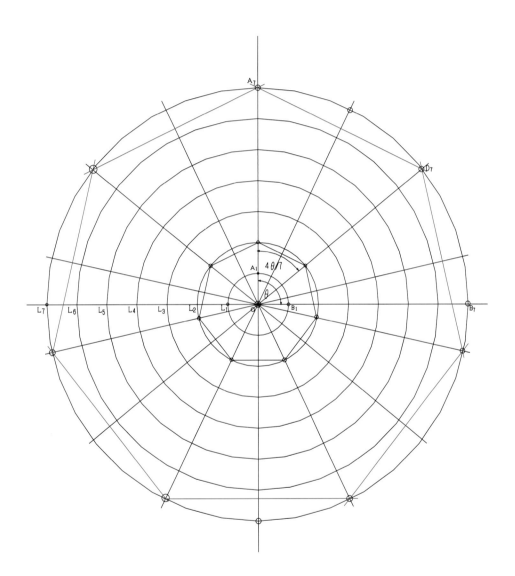

第Ⅲ章　同心円のサイクロイド

　前章に示した角のＮ等分の作図が可能になる要因は、同心円と中心円の内サイクロイドによる、中心円の回転角 θ の位置を求めることが可能なためである。

　中心円が転がってできる回転角 θ の、同心円の円周上の位置は、２倍の同心円を除き直接求めることはできない。

　　　　仮定：４　素数倍の同心円と中心円の内サイクロイドによる、円の回転
　　　　　　　　　角 θ の円周上の位置は、２倍の同心円とおなじ大きさの円の、
　　　　　　　　　θ ／2の角に補完されて決まる。

　Ｎ倍の同心円の円周の長さは、中心円の内サイクロイドのＮ回転分の長さとおなじになる。

１．１：２のサイクロイド

　図–13は中心円 L_1 と２倍の同心円 L_2 による１：２の内サイクロイドを表した図である。

　L_2 の円周は L_1 の２倍の長さとなるため、L_1 の２回転が L_2 の円周とおなじ長さになる。

　図–13　L_2 の円周上の A_2 － B_2 － C_2 － D_2 は、L_1 の90°ごとの回転位置である。１：２のサイクロイド曲線は、L_2 の直径とおなじ直線になることが知られている。

　図の①〜⑧はサイクロイドの45°ごとの回転位置である。

図-13

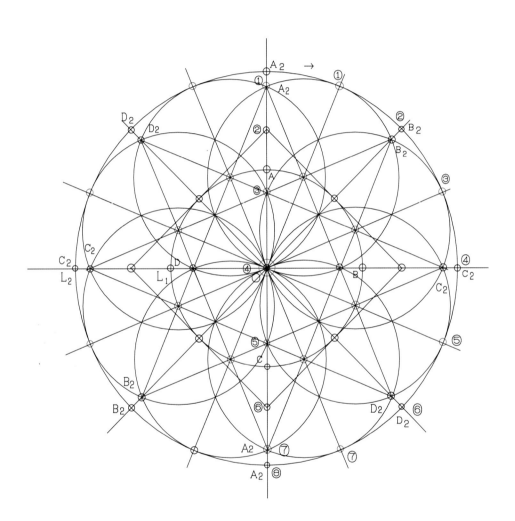

２．1：3のサイクロイド

　図-14は、3倍の同心円 L_3 と中心円 L_1 による1：3の内サイクロイド曲線を求めた図である。

　L_3 の円周は L_1 の円周の3倍の長さであるため L_1 の3回転が L_3 の円周とおなじ長さになる。

　L_3 の円周上の A_3～D_3 は L_1 のサイクロイドの95°ごとの回転位置であるとともに、L_2 によるサイクロイドの45°ごとの回転位置でもある。

　3本のサイクロイド曲線上のポイントは45°ごとの印である。

図-14

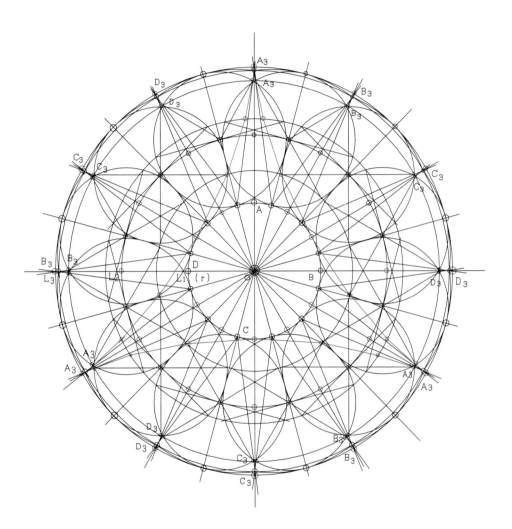

３．１：５のサイクロイド

　図–15は５倍の同心円L_5と、中心円L_1による１：５の内サイクロイドである。
L_5の円周上のA_5〜D_5の点は**サイクロイド**によるL_1の90°ごとの位置である。

　図のサイクロイドにおいてL_1の∠θ（90°）の弧 a–b の回転位置A_5およびB_5は、L_2の$\theta/2$（45°）の$4\sin\theta/4$の弧p_1–p_2の回転位置とおなじである。

　このことからL_1の同心円に対するサイクロイドの∠θの位置は、２倍の同心円L_2とおなじ大きさの円の$\theta/2$の角により補完されて決まることがわかる。

　言いかえると、素数倍の同心円の円周上にできる、中心円の**サイクロイド**の回転角θの位置は、２倍の同心円のサイクロイドの$\theta/2$の回転角の位置とおなじということである。

図-15

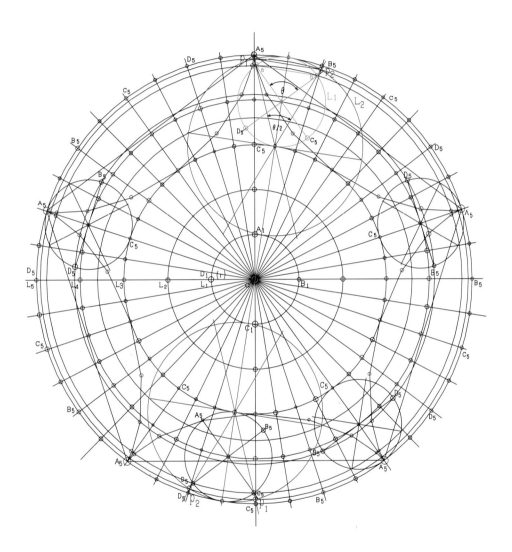

４．２：５のサイクロイド

　図–16は５倍の同心円L_5に対する、２倍の同心円L_2によるサイクロイド曲線を表した図である。

　L_1によるサイクロイドは５回転がL_5の円周とおなじ長さであるのに対し、L_2によるサイクロイドはL_1の１／２の２.５回転がおなじ長さになることがわかる。

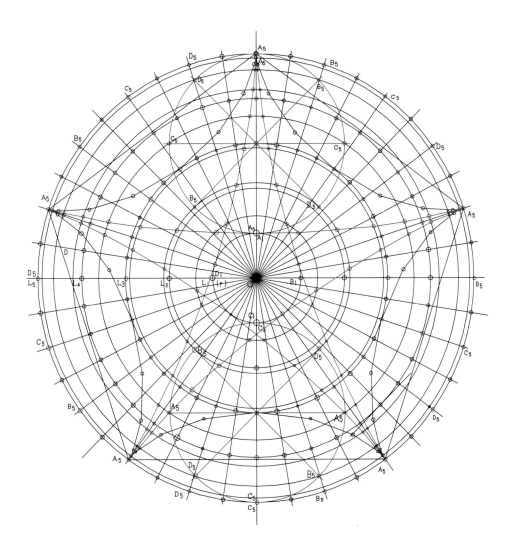

５．サイクロイドの色彩図

　内サイクロイドにおいて、転がる円の回転角の位置は、円に色彩を施すとわかりやすいので、以下に色彩図を示す。図−17は、２倍の同心円の色彩図である。

図−17

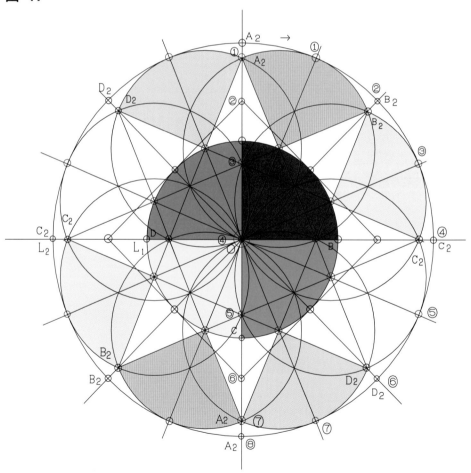

図-18 3倍の同心円のサイクロイド

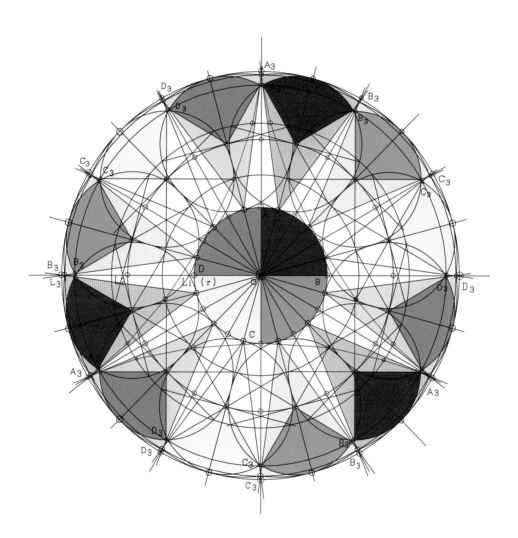

39

図-19　5倍の同心円のサイクロイド

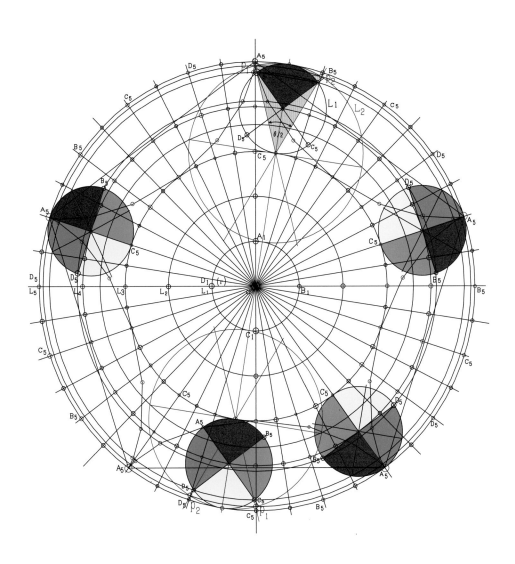

図-20 素数倍の同心円

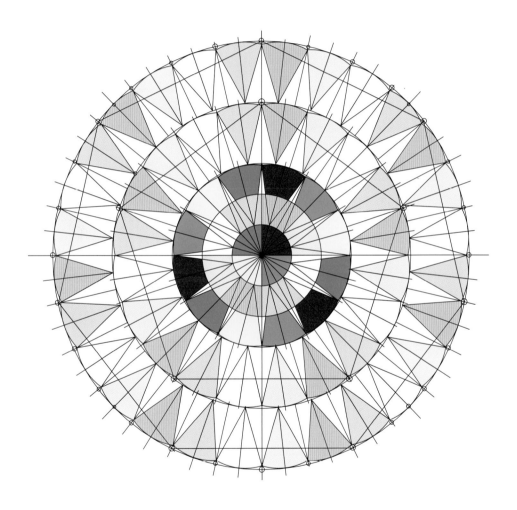

　この図に示された赤青黄緑4色の弧の長さはすべておなじである。
　それぞれの円において4色を合わせた弧の長さは、中心円の円周とおなじ
長さであるため、4色の区切りが、中心円の1回転分となることがわかる。

ま　と　め

　定規とコンパスによる任意の角の三等分は不可能なことが、代数により証明されている。

　しかし角のＮ等分をするための手法として、同心円の弧のＮ等分という発想で、角の三等分が可能になることを証明することができた。

　同心円の弧がＮ等分できる主な要因は、

仮定：１　円の中心を基点として角θを求めたとき、その円の半径による角のリンケージが存在する。

仮定：２　同心円の角θの弧の長さは、中心円の半径の倍率に比例してひろがる。

仮定：３　中心円の半径の倍率に比例してひろがる角θの弧の長さは、 $4 \sin \theta / 4$ の弧の長さに等しい。

仮定：４　素数倍の同心円と中心円のサイクロイドによる、円の回転角θの円周上の位置は、２倍の同心円とおなじ大きさの円の、 $\theta / 2$ の角に補完されて決まる。

　この４つの仮定の中で、特筆すべきなのは**仮定：３**である。

　これは半径の倍率に比例して、同心円の弧が $4 \sin \theta / 4$ の弧の長さの分ずつひろがることを示すもので、角θの弧がＮ等分できる要因である。

　半径がＮ倍の同心円の弧は、 $4 \sin \theta / 4$ の弧のＮ倍の長さに等しい長さになるため、同心円の弧のＮ等分による角のＮ等分が可能になる。

　以上が筆者の主張であるが、ここに一つの疑問が残る。

それは、「**角の三等分の作図は、定規とコンパスだけでは不可能**」としてすでに証明されている定理との矛盾である。

　本論に示した作図のすべてが、定規とコンパスによる作図ができるものであるが、この理論は角の三等分は不可能という定理に反して真でないことになる。

　残念ながらこの矛盾を解くのは筆者には難しい問題である。
　これについては、専門家の見解に委ねるところとしたい。

第Ⅱ部　角のN等分器

ここに記載した角のＮ等分器の図は、角のＮ等分の作図が可能なことを実証するために考案し、特許の出願をした際に使用した資料の一部である。

　　幸いに　特許第6802406号　発明の名称「角のＮ等分作図方法及び角のＮ等分器」として、2020年11月30日に特許権を取得することができた。

　　このＮ等分器の理論については、第Ⅰ部の「角のＮ等分」を参考にすれば理解しやすい。

１．部品図

　　図－１は、角の三等分器の３種類の部品を示した図である。

　　図のＡは、半径が２倍の同心円と、中心円に重なり合う２個の円を描いた、角の大きさを表すための基盤で、ＢおよびＣは、角の分割を示すためのバーである。

図-1

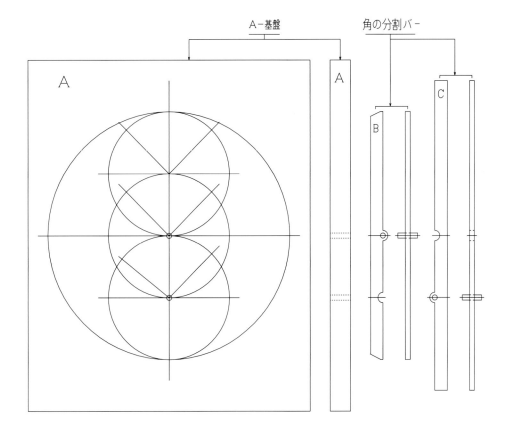

A-基盤 | 角の分割バー

A

A

B

C

２．組み立て図

図 – 2 は、A．B．C．の部品を組み合わせた図である。
角の分割バーB および C を反転して取り付けることで、左右双方の角を分割できる。

図-2

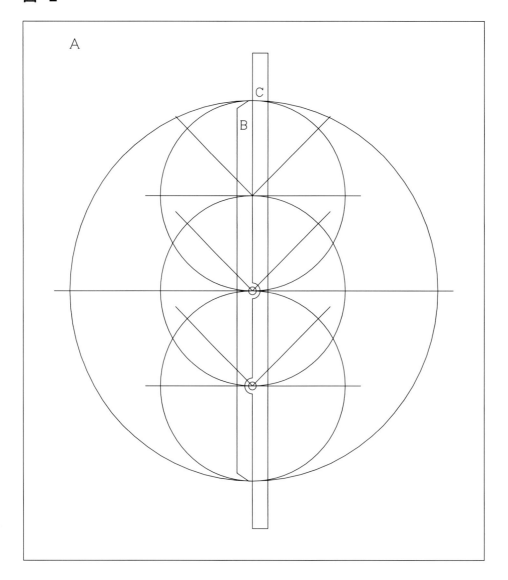

３．∠θの三等分器

　図-3は、２個のバーによりθ / 3を求めたもので、これにより∠θを三等分することが可能になる。

図-3

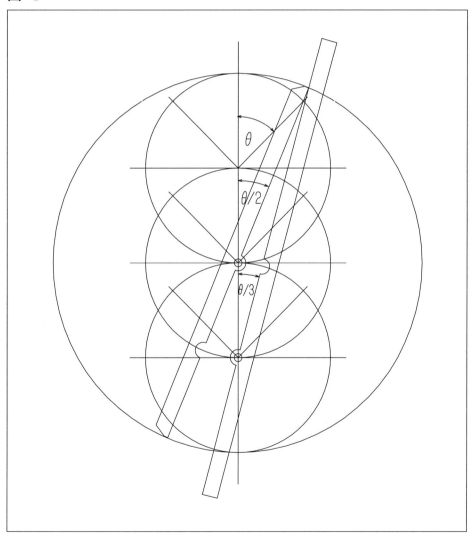

４．∠θの五等分器

　角を小さく分割するには、分割バーCを長くすることで可能になる。

　図－4は、θ/5を求めたもので、θ/Nを求めることも可能なことを示している。

図－4

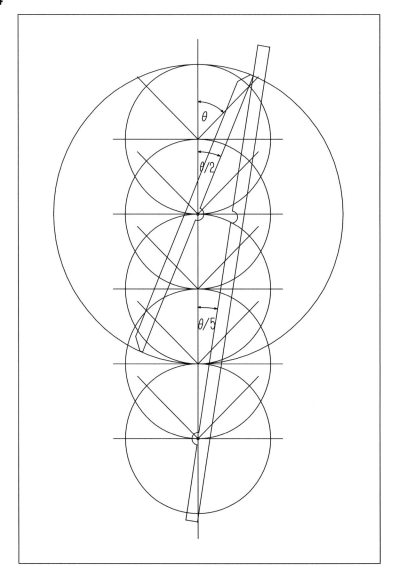

５．角の N 等分器の利用について

　この角の N 等分器を利用できる例としては、作図をする場合に作図器具の一つとして利用する他、教材としての活用が有効と考えられる。

　また測量器としてレーザー発光器を取り付けることで、遠方の地点を特定して測定するのに利用できる。

あ　と　が　き

　第Ⅰ部の角のＮ等分の理論が間違いないと確信したのは、2015年8月のことで6年余り以前になる。

　研究をする中で参考になるものはないものかと、いくつかの数学書を手にしてみたが、いずれの書もこの問題は不可能であるという、おなじ理由の解説書ばかりで、可能性を示唆するような参考になるものは皆無であった。

　参考にした解説書の中には、「角の三等分屋」という素人の研究者には、権威ある学者の方々が悩まされ、大変迷惑をされているとのことであり、不可能であることが証明されているにもかかわらず、角の三等分のオタクになって無駄な人生を過ごさないようにと諭されているものもあった。

　この度この書を出版することにしたのは上記のような理由より、この理論を発表する場がないことがわかったこともあるが、第Ⅱ部に記した「**角のＮ等分作図方法及び角のＮ等分器**」の特許権を取得したことで、この理論の正当性が確認できたことにある。

　表紙の図は「**60度の角の三等分**」の作図手法を表した図である。

　筆者は専門の先生方の言われるとおり、世界に数多といる「角の三等分屋」というマニアの素人研究者の一人にすぎない。でき得るならばこの理論が公認され、この論争に終止符がうたれることを期待したい。

　研究を始めた当初は、考えたことを確認するために定規とコンパスを手に、ひたすら円と角の関係を求めて作図をくりかえすこととなったが、これがまた大変な作業で、ほんのわずかな定規のズレや、円を求めたコンパスの中心点のズレにより、正確な作図ができず、一から書き直しになったことは枚挙にいとまがないほどであり、手書きによる正確な作図のむずかしさを知ることになった。

　そのころパソコンが普及しはじめており、友人に簡易なＣＡＤがあることを教えてもらえたおかげで、作図する時間は劇的に短縮することができた。

　長年にわたり、定規とコンパスによる作図に苦闘している中で救いになったのは、高校1年生の学級担任であった恩師の高田先生であった。先生は教師としてはじめて赴任された若い担任の先生ということで、級のみんなにとっては兄貴のような存在でもあり、数学を専攻しておられたので、ときどき伺ってお相手を

お願いすることとなった。

　先生は、この問題の不可能が証明されていることは、十分承知されておられたのにもかかわらず相談にのってくださり、たいへん感謝していたところであったが、理論にめどがついたので一度伺いますと申し上げていた矢先、1年ほど前に他界されたため、この内容をお知らせできず真に残念なこととなった。先生にはあらためて感謝申し上げ、この結果の報告をさせていただく次第である。

　考え続けた30年の間は自分とのたたかいでもあった。

　長い道のりを経てようやく目的地にたどりつくことができたが、定規とコンパスに別れを告げることに、いささかさみしさを覚えるこのごろである。

2021 / 01 / 11

著者プロフィール

中島 良（なかじま りょう）

1936年生まれ、長野県在住。
1954年 長野県長野工業高等学校電気科卒業。
1954年〜1996年 上田日本無線株式会社に勤務し、主に船舶用の無線通信機器の製造に従事する。

　退職後は、自然を相手にした仕事をしようと炭焼き窯を築窯し、以後15年間、白炭の炭焼きを生業とする。
　現在炭焼き場は、地域の「里山整備協議会」の作業場所に開放し利用されている。

　戦前に生まれ、戦時中から戦後の混乱期、高度経済成長、バブルの崩壊と、社会が大きく変動した時代を経験する。1955年から1970年代にかけては、安保闘争などもあって労働組合の組合運動も盛んであり、時にはその一役を担うこともあるなど、激しく変化する社会に若さをぶつけて、多感な青春時代を体験した。
　文化的な背景としては、全国に労音や歌声活動が広がり、歌声喫茶が盛況だったのもこのころである。
　高校生時代には吹奏楽の部活動で、幾度か演奏会に出演する機会を通じて、演奏することの楽しさを経験した。
　社会人になってからは、趣味の音楽鑑賞や山登りをして、八ヶ岳や北アルプスの後立山連峰の縦走など、今は昔となった若き情熱を燃やした日々の足跡が、アルバムに記録として残っている。

不可能への挑戦 角の三等分

2023年12月15日　初版第1刷発行

著　者　　中島 良
発行者　　瓜谷 綱延
発行所　　株式会社文芸社
　　　　　〒160-0022　東京都新宿区新宿1−10−1
　　　　　　　　　電話 03-5369-3060（代表）
　　　　　　　　　　　　03-5369-2299（販売）

印刷所　　図書印刷株式会社

ISBN978-4-286-24760-1